Yasir Hageltom

Análise de dados hidrológicos no rio Gash

Yasir Hageltom

Análise de dados hidrológicos no rio Gash

Rumo a um regime agrícola de Gash mais eficaz e produtivo

ScienciaScripts

Imprint

Cover image: www.ingimage.com

This book is a translation from the original published under ISBN 978-3-659-68952-9.

Publisher:
Sciencia Scripts
is a trademark of
Dodo Books Indian Ocean Ltd. and OmniScriptum S.R.L publishing group

120 High Road, East Finchley, London, N2 9ED, United Kingdom
Str. Armeneasca 28/1, office 1, Chisinau MD-2012, Republic of Moldova, Europe
Printed at: see last page
ISBN: 978-620-7-71514-5

Agradecimentos

Este estudo de investigação faz parte do projeto patrocinado pelo HRC e pela UNESCO-IHE intitulado **"Irrigação por Cheias para o Crescimento Económico Rural e Alívio da Pobreza no Sudão"** do qual este livro é um dos resultados. O livro descreve os métodos utilizados para o cálculo da descarga no rio Gash e a precisão das medições de caudal existentes.

Antes de mais, gostaria de agradecer a várias pessoas pela sua contribuição para este estudo, nomeadamente Prof. Yasir A. Mohamed; consultor do projeto do Sudão, Dr. Abraham Mehari Haile; diretor do projeto UNESCO-IHE, e Sra. Eiman Mohamed Fadul; líder do projeto do Sudão, pelo seu valioso apoio técnico neste estudo; Eng. Saeed Majzoub e a Sra. Souna, o pessoal do Gabinete GRTU, pela sua ajuda na recolha de dados no terreno e a todos os técnicos que me ajudaram a manusear os instrumentos.

Um agradecimento especial ao Dr. Ageel pelo seu apoio extraordinário e pelas suas recomendações úteis e construtivas sobre este estudo.

Resumo

Este estudo diz respeito à medição do caudal no rio Gash com o objetivo de calcular as descargas horárias, diárias, mensais e anuais do rio nos últimos seis anos (2007 a 2012).

O cálculo baseia-se nos dados e informações disponíveis e incide principalmente em três estações de medição seleccionadas ao longo do rio Gash. Estas estações são New Geera, Kassala Bridge e Salamalekum.

Acima de tudo, a exatidão do método existente para o cálculo das descargas (AVSM) foi estimada utilizando critérios de avaliação da raiz quadrada média dos resíduos (RMSE), do erro absoluto médio (MAE) e do erro percentual médio (MPE) com base nos valores do método velocidade-área (VAM).

O método existente de cálculo da descarga (AVSM) dá uma boa indicação sobre os hidrogramas de caudal no rio Gash, mas para obter uma descarga mais exacta devem ser tidos em consideração os dois pontos seguintes:

(1) Medição da secção transversal do rio durante a cheia, a intervalos regulares,

(2) Utilização de um maior número de pontos de medição da velocidade ao longo da secção transversal do rio.

No entanto, atualmente, a única estação possível para obter medições precisas da descarga é a ponte de Kassala, onde os pontos anteriores podem ser realizados.

Índice

Abreviaturas

HRC	Hydraulics Research Center
GRTU	Gash River Training Unit
KRO	Kassala Research Office
AVSM	Average Velocity-Stage method
VAM	Velocity-Area Method
RMSE	Root Mean Squared Residuals
MAE	Mean Absolute Error
MPE	Mean Percentage Error
Mm^3	Million Cubic Meter

CAPÍTULO 1

1. Introdução

(1) Geral:

O Sistema de Espaldeira é um tipo de gestão da água que é exclusivo dos ambientes semi-áridos. A água das cheias dos rios e das bacias hidrográficas das montanhas é desviada dos leitos efémeros dos rios e espalhada por grandes áreas para a agricultura, a silvicultura, a recarga de águas subterrâneas e a água potável.

Os sistemas de escoamento são muito propensos ao risco. A incerteza advém tanto da natureza imprevisível das cheias como das frequentes mudanças nos leitos dos rios de onde a água é desviada. Muitas vezes, é o segmento mais pobre da população rural cujo sustento e segurança alimentar dependem dos caudais das cheias. Desenvolveu-se uma sabedoria local substancial na organização de sistemas e na gestão da água das cheias e das pesadas cargas de sedimentos que a acompanham (SPN 2011).

O rio Gash é um dos três principais sistemas de irrigação de espadana no Sudão, para além de Khor Baraka e Khor Abu Habil. Este rio corre geralmente durante a estação húmida (julho, agosto e setembro) e pouco depois de precipitações extremas nas regiões a montante com captação transfronteiriça ao longo da Eretria, Etiópia e Sudão.

Gash é a principal fonte de abastecimento de água para todos os fins em Kassala e arredores. É a única fonte de recarga da bacia hidrográfica de Gash. O Gash é também a fonte que criou o delta (300 mil feddans[1]) que possui a terra mais fértil para a agricultura, da qual depende a maior parte das actividades socioeconómicas de Kassala. As pessoas dizem que sem Gash não haveria Kassala (Bashir 2007).

No desenvolvimento de um sistema de rega, é importante compreender toda a hidrologia do sistema - o caudal de base, o caudal sub-superficial e as águas subterrâneas e o padrão das inundações de rega que ditarão o rendimento potencial do

[1] Feddan é uma unidade de superfície, utilizada no Sudão (1,0 Feddan = 0,42 ha).

sistema de rega, a conceção das estruturas de desvio e dos canais e a área a ser potencialmente irrigada.

(2) **Objetivo e âmbito do trabalho:**

O estudo teve início em julho de 2012. Trata-se basicamente da medição do caudal do rio Gash, que é necessário para fins de gestão do rio, incluindo o planeamento dos recursos hídricos, o controlo das cheias e também para ajudar os planeadores, hidrólogos, agrónomos e organizações locais na conceção e gestão de sistemas de irrigação para o projeto Gash Scheme. Os principais objectivos deste estudo são:

- Calcular a descarga horária, diária, mensal e anual do rio Gash para inundações durante as estações dos anos de 2007 a 2012.
- Avaliar a precisão dos métodos de medição de caudal existentes.

Para atingir os principais objectivos do estudo acima mencionados, foram seguidos os seguintes passos:

(3) Em primeiro lugar: recolha de dados de campo disponíveis sobre o rio Gash, que foram preparados pela GRTU.

(4) Durante a última cheia (i.e. 2012), foram feitas mais medições de campo na estação da Ponte de Kassala, tais como medições de corrente, medições do nível do leito durante a cheia a intervalos regulares e mais pontos de medição de velocidade distribuídos ao longo da secção transversal do rio.

(5) Foi efectuada uma análise dos dados disponíveis para calcular as descargas do rio Gash durante o período de 2007 a 2012.

(6) As características do rio, tais como as curvas de classificação e os hidrogramas diários para três estações de medição seleccionadas: New Geera, Kassala Bridge e Salamalekum no rio Gash.

(7) A precisão do método de medição utilizado em Gash é verificada através da comparação dos seus resultados com outros métodos mais precisos.

CAPÍTULO 2

2. Descrição da área de estudo

2.1 Descrição geral do rio Gash:

Alcance superior:

A bacia hidrográfica cobre uma área de aproximadamente 21.000 quilómetros quadrados e está delimitada entre as latitudes 36,5 - 39,5 Este e as longitudes 14,0 - 15,5 Norte, partilhada com a Eretria, a Etiópia e o Sudão (Figura 1). A altitude na bacia hidrográfica varia entre 1100 m e 2000 m. No seu curso superior, o Gash é conhecido como o rio Mareb. Começa em Eretria, cerca de 20 km a sul de Asmara. A partir daqui, até à fronteira com o Sudão, a bacia hidrográfica é longa e relativamente estreita (Swan 1956).

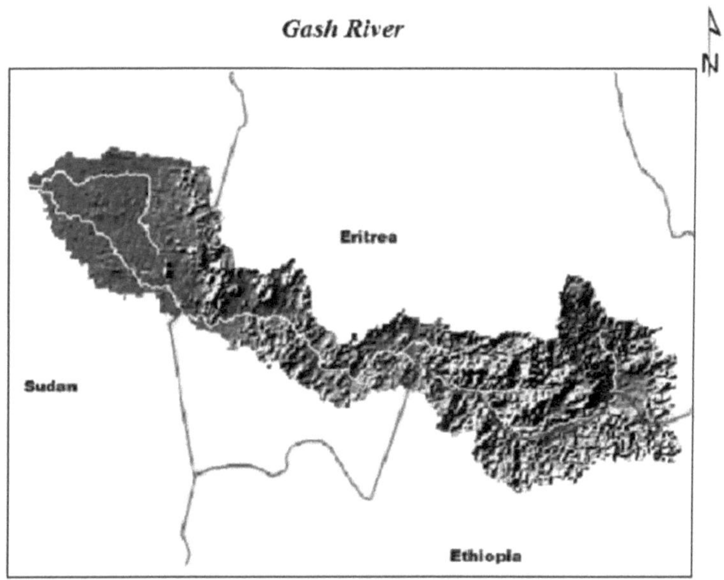

Figura 1: Localização da bacia hidrográfica de Gash

Troços inferiores

Depois de passar a estreita fenda rochosa de Tessenel, um curso de água largo e pouco profundo, com um leito arenoso e extensas planícies de inundação, corre ligeiramente para noroeste durante cerca de 20 km, seguindo depois para norte durante cerca de 5 km antes de atravessar a fronteira sudanesa perto de Jebel Gulsa. Depois disso, corre para norte-noroeste durante cerca de 20 km até ao bastião sul de Jebel Kassala. Aqui, junta-se-lhe um importante afluente de leste, o Khor Abu Alga. Desde a fronteira até Jebel Kassala, a largura do Gash varia entre 100 m e 800 m, com uma média de cerca de 300 m. O declive do leito é relativamente constante, com 1,3 m/km (Swan 1956).

2.2 Hidrologia do rio Gash:

O rio tem origem nas terras altas da Eritreia e no planalto da Etiópia. Trata-se de um rio sazonal e vistoso, com grandes variações de caudal durante a estação das chuvas, em julho, agosto e setembro.

A descarga total anual mínima do rio Gash é de 140 milhões de m^3 , registada em 1921, enquanto a descarga anual máxima é de 1430 milhões de m^3 registada em 1983. O caudal máximo anual é quase 10 vezes superior ao mínimo, o que indica a elevada variabilidade dos caudais no rio Gash. O caudal médio anual é de 680 milhões de m^3 (Bashir 2007).

A cidade de Kassala foi a mais afetada pelas inundações de Gash. A cidade foi afetada por várias inundações elevadas e prejudiciais do rio Gash. Nas últimas três décadas, a cidade foi atingida por seis inundações devastadoras, registadas em 1975, 1983, 1988, 1993, 1998 e 2003. A mais prejudicial ocorreu no ano de 2003, quando quase metade da cidade foi arrastada pelas águas (Bashir 2007).

O aquífero não é confinado; o nível da água no aquífero sobe durante o período de caudal do rio e desce quando o rio está seco. A água potável de Kassala depende deste aquífero. A quantidade de percolação é de 250 milhões de metros cúbicos (Meki 2008).

2.3 Programa de Monitorização do Rio Gash

O programa regular de monitorização do rio Gash foi implementado no período de 1970 até ao ano de 2004. Durante esse período, a monitorização do rio foi da responsabilidade do Gabinete de Investigação de Kassala (KRO). Após a catástrofe das cheias de julho de 2003, a responsabilidade da monitorização do rio foi transferida para a Unidade de Formação do Rio Gash (GRTU), criada em janeiro de 2004 (Saied 2010).

2.4 Estações de medição ao longo do rio Gash:

O rio Gash tem seis estações de medição ao longo do rio (Figura 2) onde o nível e a velocidade da água (pelo método de flutuação) são medidos regularmente. Estas estações são a estação de medição de New Geera, a estação de medição de Old Geera, a estação de medição de Kilo 1.5, a estação de medição de Kassala Bridge, a estação de medição de Fota e a estação de medição de Salamalekum. A medição regular do nível da água começou em 1970, com exceção da nova estação de Geera, que foi criada em 2007. Este estudo centra-se principalmente nos últimos seis anos, de 2007 a 2012, com maior incidência em três estações de medição: Nova Geera, Ponte de Kassala e estações de medição de Salamalekum.

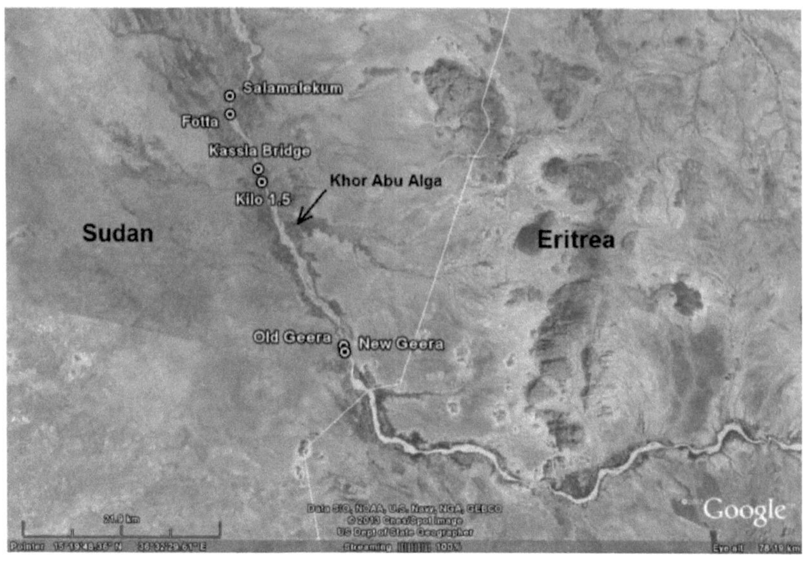

Figura 2: Localização das estações de medição ao longo do rio Gash

1) Nova estação de medição de Geera

Esta estação de medição foi construída em 2007 perto da margem direita do rio Gash para medir o nível e a velocidade da água pelo método de flutuação (ver figura 3). New Geera está situada a 15,262°N de latitude e 36,4783°E de longitude. É a primeira estação de medição a montante do rio Gash no Sudão, a cerca de cinco quilómetros da fronteira sudanesa com a Eritreia. A medição da velocidade perto da margem esquerda foi recentemente acrescentada.

A estação de New Geera está localizada logo após a curva do rio e a secção transversal neste local é relativamente estável, com cerca de 260 m de largura, mas há um pouco de erosão na curva exterior do rio.

Figura 3: Mira de medição inclinada colocada na margem direita da estação de medição de New Geera

2) Antiga estação de medição de Geera

Está situada a 15.2682° N, 36.4773° E, cerca de 700 m a jusante de New Geera. As medições na antiga estação de Geera tiveram início em 1970 na margem direita do rio Gash, mas ao longo do tempo a estação de medição sofreu uma erosão extrema na margem esquerda do rio (Figura 4), e a largura da secção do rio neste local é muito grande, cerca de 450 m, pelo que as leituras de Old Geera são consideradas menos fiáveis em comparação com a estação de medição de New Geera.

Figura 4: Erosão na margem esquerda da estação de medição de Old Geera

3) Estação de medição da ponte de Kassala

Está situada na cidade de Kassala, a 15,4477°N de latitude e 36,389°E de longitude, cerca de 22 km a jusante da antiga Geera. No passado, a estação de medição da ponte de Kassala era utilizada apenas para medições do nível da água, mas desde 2005 que são utilizados os métodos de velocidade do flutuador e do correntómetro. O estudo centra-se principalmente nesta estação porque é a única localização possível para o correntómetro e a medição do nível do leito durante as cheias. A secção transversal neste local é relativamente estreita em comparação com as estações anteriores a montante, cerca de 120 m (ver Figura 5).

Figura 5: Margem direita do rio Gash na estação da ponte de Kassala

4) Estação de medição de Salamalekum

A estação de Salamalekum está situada à latitude e longitude de 15,5249° N, 36,358° E, respetivamente, a cerca de 9 km a jusante da ponte de Kassala. Esta estação é utilizada para a medição do nível e da velocidade da água pelo método de flutuação perto da margem esquerda do rio. A medição junto à margem direita foi recentemente acrescentada. A largura da secção transversal do rio nesta estação é de apenas 95 m.

CAPÍTULO 3

3. Metodologia, dados

3.1 Fontes de dados

Os dados das medições de caudal e o trabalho de levantamento para a área de estudo foram obtidos da GRTU, que é responsável pela gestão das cheias no rio Gash.
Na época das cheias de 2012, foram efectuadas medições adicionais em coordenação com o pessoal da GRTU e da HRC para obter dados mais precisos.

3.2 Conceito básico de descarga

Em geral, a descarga do rio Q em qualquer secção transversal e em qualquer momento é dada por

$$Q = \bar{V} \cdot A$$

Onde: $\bar{V}$ é a velocidade média, A é a área da secção transversal molhada do rio
Assim, a descarga pode ser determinada se a área A for conhecida (ou medida) e a velocidade média for calculada com base nas medições de velocidade efectuadas nessa secção específica.
Os escoamentos no rio Gash são classificados como escoamentos não uniformes instáveis, em que a secção transversal e a descarga variam com o tempo e a distância, sendo este o escoamento mais complexo de analisar.
Os principais parâmetros da descarga são a velocidade e a área da secção transversal molhada. Para este estudo, o método de flutuação utilizado para calcular a descarga no rio Gash e o correntómetro são utilizados principalmente para calibrar as medições de flutuação.
O método de flutuação mede a velocidade superficial, mas a velocidade média é obtida utilizando um coeficiente de redução para reduzir a velocidade superficial para a velocidade média. Há muitos anos, o coeficiente de redução foi considerado 0,87 no rio Gash; este valor é utilizado pela KRO (Toam H. A 2005).

O coeficiente de redução varia geralmente entre 0,8 para leitos rugosos e 0,9 para leitos lisos (Reginald 1985). O coeficiente adequado é melhor determinado a partir de medições do correntómetro que incluem a medição da velocidade superficial (Reginald 1985).

3.3 Medições no terreno

As medições seguintes foram efectuadas durante as cheias do rio Gash:

(a) Nível da água:

O nível da água no rio Gash é medido de hora a hora durante os períodos de cheia. As leituras são efectuadas diretamente a partir de medidores inclinados colocados na margem do rio. No final de cada época de cheias, o pessoal da GRTU recolhe os registos de todas as estações.

(b) Medições de velocidade:

Método de flutuação à superfície:

As velocidades da corrente do rio Gash foram medidas em cada uma das seis estações utilizando o método da boia de superfície. Na maioria das estações, a velocidade é medida treze vezes durante o dia, numa base horária das 6:00 às 18:00 horas. Em cada medição, um pedaço de madeira ou um pau aleatório (ver Figura 6) é atirado à mão para o rio três vezes e, simultaneamente, o tempo de flutuação é levado a percorrer uma distância de 50 m por um cronómetro.

Na época das cheias de 2012, para além do método de medição acima referido, as velocidades foram medidas cinco vezes durante o dia, numa base de 3 horas, em seis posições distribuídas ao longo da secção transversal do rio na estação da ponte de Kassala.

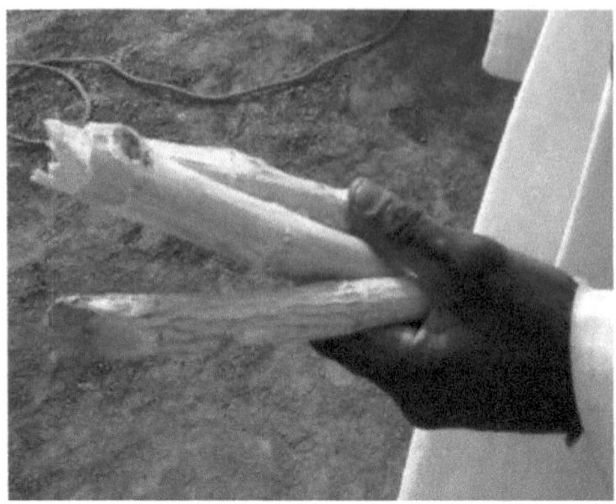

Figura 6: Bastão de madeira utilizado para efetuar medições da velocidade de flutuação

Medidor de corrente:

As medições com o correntómetro são essenciais para calibrar os resultados obtidos através da determinação do coeficiente de flutuação. O único local possível para a medição do correntómetro é a estação da ponte de Kassala.

Na última estação, apenas 12 medições de corrente foram efectuadas durante a estação das cheias utilizando o medidor de corrente Akim Hydrometery com um peso de 50 kg (ver Figura 7). Verificou-se que este peso não era suficiente para estágios superiores a 506 m.

Durante os últimos anos, muitos tipos de instrumentos de medição de corrente foram utilizados em medições, por exemplo, BRAY- STOKE, SEBA e ARMFIELD.

Figura 7: Instrumentos de medição de corrente utilizados na estação de medição da ponte de Kassala (Fotos captadas por Saied, 2010)

(c) Secção transversal do rio

Durante a estação seca, as secções transversais do rio Gash são tiradas em cada estação de medição antes e depois da estação das cheias usando nivelamento diferencial pelo pessoal da GRTU. Mas durante a estação das cheias, as secções transversais do rio Gash só foram tomadas na estação da ponte de Kassala.

3.4 Etapas da análise de dados

As descargas do rio Gash podem ser estimadas através das seguintes etapas:

(1) Recolha de dados de campo em estações de medição, o que inclui registos de níveis de água, medição de bóias e trabalhos de topografia.

(2) Organização de dados em formato Excel e organização dos mesmos em subpastas.

(3) Triagem e preenchimento de dados em falta nos registos de níveis de água:

- Traçar séries temporais de dados para ver valores discrepantes, valores em falta, tendências, etc.
- Criação de uma relação de balanço hídrico entre todas as estações de medição, de montante para jusante: Nova Geera -> Antiga Geera -> Quilo 1.5 -> Ponte de Kassala -> Fota -> Salamalekum

(4) Cálculo das descargas fluviais de acordo com um dos seguintes métodos:

(a) Método da velocidade média por etapas (AVSM)

O método da velocidade média por fase é adotado em Gash pela GRTU. Neste método, assume-se que o escoamento se processa em regime hidráulico estável. A variação da velocidade durante a subida e descida do rio é negligenciada, de modo a que o escoamento ocorra com uma relação de valor único entre o estádio e o caudal. Este método é definido pelas seguintes etapas:

- Ordenação ascendente da base de dados de velocidade/estágio nas leituras de estágio
- Cálculo da velocidade média para a mesma leitura de fase
- Os dados de velocidade são descartados se o valor for superior a 50% da média
- Obtenção da equação da velocidade através da representação gráfica do estádio versus velocidade média

- Cálculo da área da secção transversal molhada para cada leitura do gabarito
- Obtenção de descargas através da multiplicação da velocidade média pela área média das secções transversais do rio antes e depois

da cheia.

(b) Método da área de velocidade (VAM)

No método da velocidade por área, o rio é dividido em segmentos e a descarga através de cada segmento é calculada multiplicando a velocidade média em cada segmento pela área do segmento. A soma dos produtos da velocidade da área de cada segmento dá a descarga. Este método requer as seguintes condições:

- Medições contínuas da velocidade, não possíveis durante a noite.
- Medição da área da secção transversal do rio durante os períodos de cheia, o que só é possível na estação da ponte de Kassala.

3.5 Avaliação da qualidade da descarga computorizada

As quatro etapas seguintes foram utilizadas para avaliar a qualidade de uma medição de descarga no rio Gash:

- Comparação do hidrograma de caudal de uma estação com as outras, para verificar a compatibilidade dos dados
- Cálculo da descarga na estação da ponte de Kassala utilizando o método velocidade-área (VAM) e comparando os seus resultados com o método de cálculo de descarga existente (AVSM).
- Cálculo da descarga na estação da ponte de Kassala utilizando secções transversais durante o período de cheias a intervalos regulares semanais e comparação com a forma de medição/ secção transversal existente antes e depois das cheias.
- Cálculo da velocidade na ponte de Kassala utilizando um maior número de flutuadores distribuídos em diferentes pontos de medição ao longo da secção transversal do rio e comparação com a forma de medição existente.

Três critérios de avaliação: A raiz média dos resíduos quadrados (RMSE), o erro absoluto médio (MAE) e o erro percentual médio (MPE) foram utilizados no estudo para estimar a exatidão das medições de descarga. A Tabela 3.1 apresenta uma descrição destes critérios.

Quadro 1: Critérios de avaliação, descrição e fórmula

Criterion	Description	Formula
RMSE	Root mean squared residuals	$\sqrt{\frac{1}{N}\sum_{i=1}^{N}(Q-Q')^2}$
MAE	Mean absolute error	$\frac{1}{N}\sum_{i=1}^{N}\lvert Q-Q'\rvert$
MPE	Mean Percentage Error	$\frac{1}{N}\sum_{i=1}^{N}\frac{\lvert Q-Q'\rvert}{Q}$

Onde:
Q = caudal calculado pelo VAM (ver anexo III), *m^3/s*
Q' = caudal calculado pelo AVSM, m^3/s

O critério RMSE avalia a soma dos quadrados dos resíduos do caudal. O MAE dá uma indicação do desvio médio absoluto do AVSM em relação à descarga VAM. Espera-se que os valores dos critérios RMSE, MAE e MPE sejam mínimos para uma melhor qualidade da descarga.

CAPÍTULO 4

4. Análise de dados e resultados

4.1 Calibração do método de flutuação

Medições de medição de corrente durante uma inundação de corrente:

Durante a atual cheia, foram efectuadas apenas 12 medições de corrente na estação de medição da ponte de Kassala, utilizando o medidor de corrente Akim Hydrometery (ver Anexo I).

Após a representação gráfica dos valores das descargas medidas pelo correntómetro em relação aos valores medidos simultaneamente pelo método da boia, o coeficiente de calibração para a atual época de cheias é de 0,73 (ver figura 8).

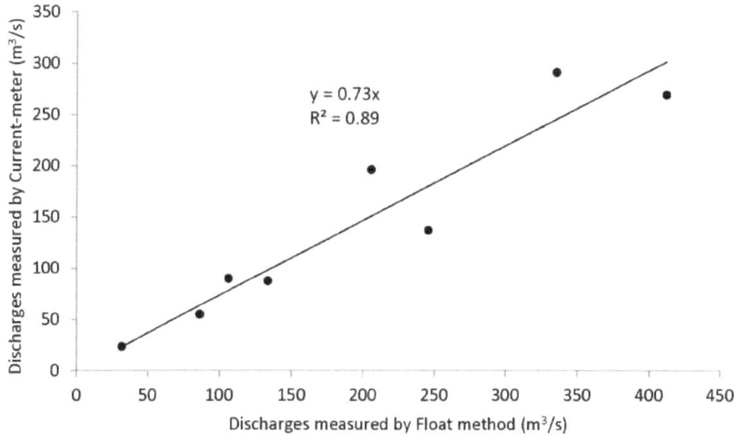

Figura 8: Medições da medição da corrente versus flutuador para calibração

4.2 Resultados do cálculo da descarga

4.2.1 Utilização do método da velocidade média por patamar (AVSM)

Os resultados do cálculo das descargas para o rio Gash durante a estação das cheias de (20072012), utilizando o método da velocidade média por fase (AVSM) e a área da secção transversal antes e depois das cheias são apresentados no Anexo (II).

(a) Hidrogramas de caudal diário do rio Gash

Os hidrogramas de caudal do rio Gash desde o ano de 2007 até 2012, utilizando o método da velocidade média por fase (AVSM) e a área da secção transversal antes e depois das cheias são apresentados na Figura 9. É evidente que o rio Gash se move geralmente como uma onda de inundação. Os hidrogramas de fluxo são caracterizados por uma grande variação na dimensão e frequência das cheias (um aumento extremamente rápido no tempo, seguido de uma curta recessão).

Em 2007, inundações catastróficas afectaram o estado de Kassala. O hidrograma de caudal do rio Gash nesse ano é mostrado na Figura 9(a), que ilustra que o pico de caudal ocorrido no início de julho causou esta catástrofe e, depois disso, o rio Gash começou a descer. O período de caudal de 4th a 12th de julho é claramente o momento em que ocorreu uma inundação extrema nas regiões a jusante.

Nos anos seguintes, os hidrogramas de caudal diário do rio Gash para as cheias (2008-2012), apresentados na Figura 9 (b), (c), (d) e (e), indicam que a maior parte do caudal ocorre normalmente em agosto, após o que o rio Gash começa a baixar.

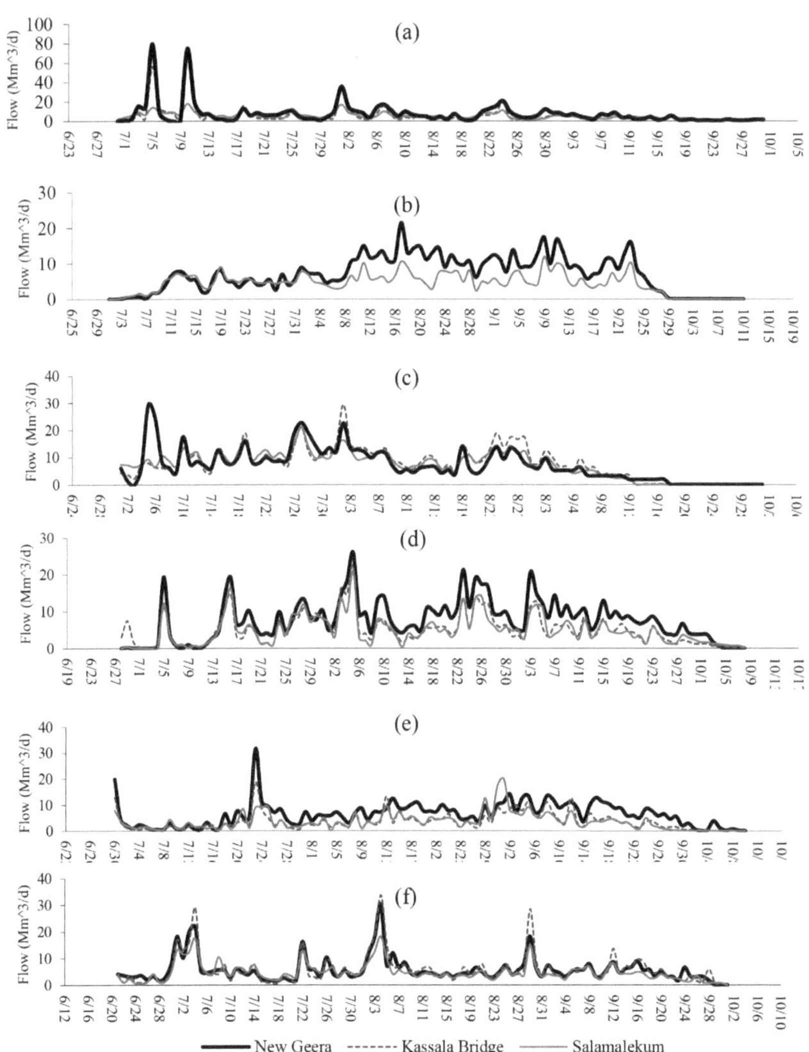

Figura 9: Hidrograma de caudal diário do rio Gash medido em New Geera, na ponte de Kassala e na estação de Salamalekum para as cheias de (a) 2007, (b) 2008, (c) 2009, (d) 2010, (e) 2011 e (f) 2012

(b) Caudais totais mensais do rio Gash

A Figura 10 mostra o caudal médio mensal do rio Gash (2008 - 2012) medido na estação de medição da ponte de Kassala. Indica que a maior parte do caudal ocorreu em julho, agosto e setembro, com o pico de caudal em agosto. Mas em 2007, o caudal mensal do Gash mudou notavelmente, com o pico de caudal a começar no início de julho, como mostra a figura 11.

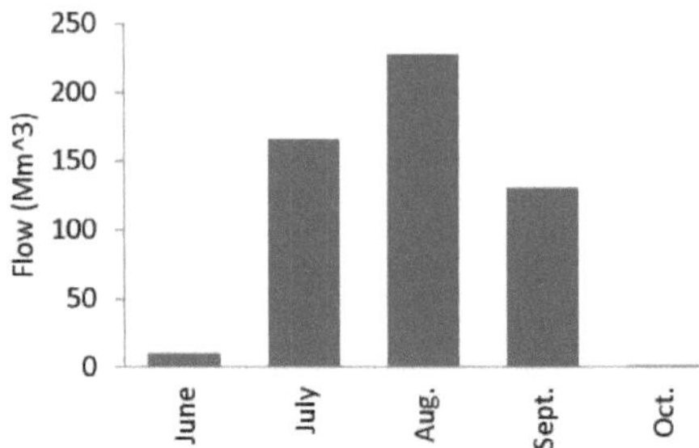

Figura 10: Caudal médio mensal do rio Gash (2008-2012) medido na estação da ponte de Kassala

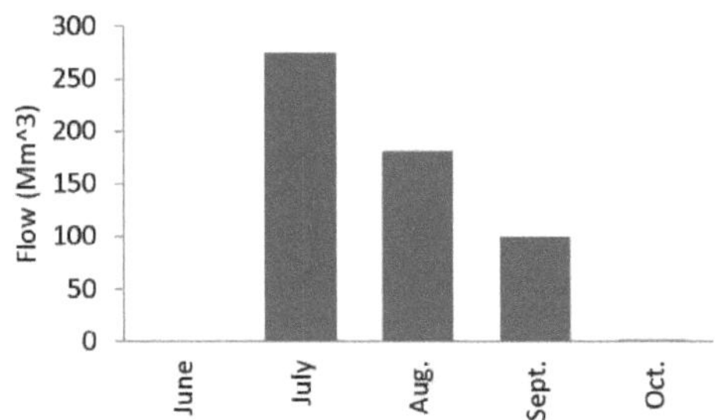

Figura 11: Caudal mensal do rio Gash 2007 medido na estação da ponte de Kassala

(c) Fluxos totais anuais de Gash

Os resultados do cálculo das descargas anuais do rio Gash durante o período de 2007 a 2012 são apresentados no Quadro 4.1 e na Figura 12. As descargas estão divididas entre as registadas em New Geera, na ponte de Kassala e as registadas na estação de medição de Salamalekum.

Tabela 2: Descarga total anual, caudal máximo e duração das cheias (2007-2012):

Year	Duration of continuous flood			Total Annual Discharge Mm^3	Max flow m^3/s	Remarks
	From	To	Days			
(1) Discharges measured at New Geera gauging station						
2007	30/6	9/10	102	711	1715	a
2008	1/7	29/9	89	656	635	a
2009	1/7	30/9	90	675	974	a,d
2010	28/6	8/10	103	780	580	a
2011	30/6	11/10	104	649	592	a
2012	21/6	28/9	99	591	610	b
(2) Discharges measured at Kassala Bridge gauging station						
2007	30/6	9/10	102	556	1381	b
2008	1/7	28/9	88	460	304	b
2009	1/7	30/9	90	507	817	b,d
2010	28/6	8/10	103	514	423	b
2011	30/6	11/10	104	362	583	b
2012	21/6	30/9	101	616	674	e,d
(3) Discharges measured at Salamalekum gauging station						
2007	30/6	9/10	102	496	310	c
2008	1/7	28/9	88	460	323	c
2009	1/7	30/9	90	675	387	c
2010	28/6	8/10	103	488	318	c
2011	30/6	11/10	104	364	260	c
2012	21/6	30/9	101	491	367	b

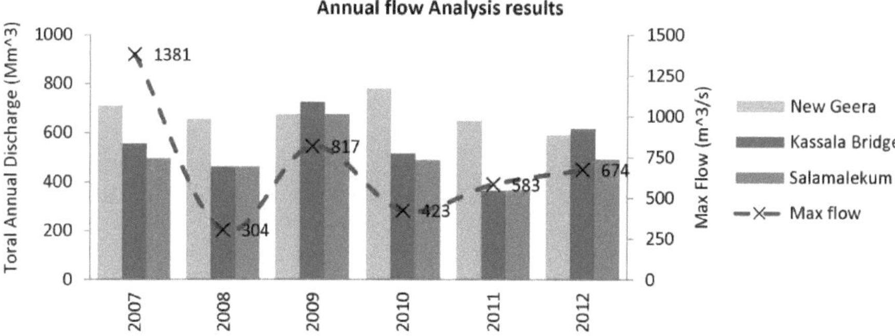

Figura 12: Descargas totais anuais calculadas e caudal máximo, medidos nas estações de New Geera, Kassala Bridge e Salamalekum

Observações:

a) As velocidades da corrente foram medidas apenas na margem direita do rio.

b) As velocidades do caudal foram medidas em ambas as margens do rio

c) As velocidades do caudal foram medidas apenas na margem esquerda do rio.

d) A descarga total medida na estação de Geera é inferior à medida nas estações a jusante, o que pode significar que uma grande quantidade de caudal provém de Khor Abu Alga.

e) As velocidades da corrente foram medidas em 6 pontos distribuídos ao longo da secção X do rio.

(d) Curvas de classificação (relações QH)

A curva de classificação é um método aproximado utilizado para estimar a descarga nos rios. A relação entre a fase da superfície da água (ou seja, o nível da água) e as descargas de caudal estimadas simultaneamente no rio Gash é obtida através da adaptação de dados de caudal de 6 anos (2007-2012), conforme apresentado abaixo.

Nova estação de Geera

Para a estação de medição de New Geera, a curva de classificação foi desenvolvida a partir de dados de caudal de 6 anos (2007-2012), como mostra a Figura 13. O gráfico tem $R^2 = 0{,}93$ e a equação representativa da curva de classificação é mostrada abaixo:

$$Q = 0.2675\ (H - 532.95)^{7.384}$$

Onde: Q = Descarga em m^3/s

H = Estádio da superfície da água em m

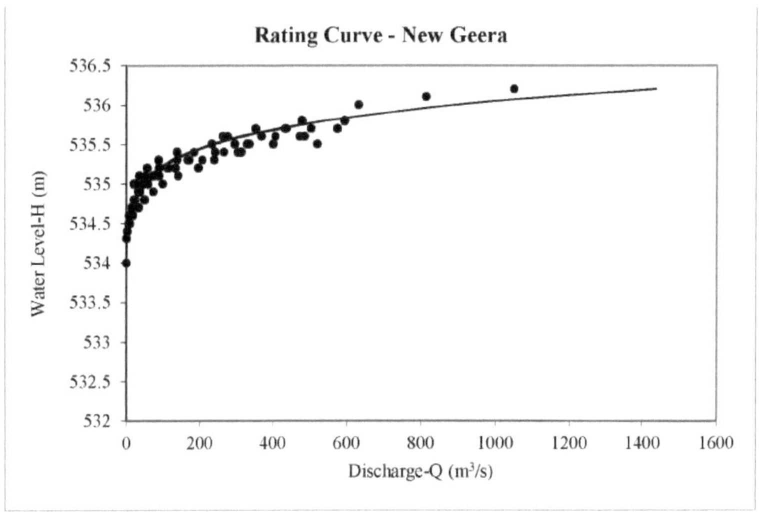

Figura 13: Curva de classificação para a estação de New Geera

Estação da ponte de Kassala

A partir de dados de caudal de 6 anos (2007-2012) na estação de medição da Ponte de Kassala, foi desenvolvida uma curva de classificação, como se mostra na Figura 14. O gráfico tem $R^2 = 0{,}97$ e a equação representativa da curva de classificação é mostrada abaixo:

$$Q = 73.878\,(H - 504.5)^{3.002}$$

Onde: Q = Descarga em m^3 /s

H = Estádio da superfície da água em m

De acordo com o gráfico (Figura 14), pode ver-se claramente que a estação-ponte de Kassala é fiável para caudais baixos e médios, embora mostre alguma instabilidade nos caudais elevados pelas seguintes razões

- Fluxo de alta turbulência em torno dos cais.
- Efeito de remanso; os pilares da ponte obstruem o escoamento e provocam um aumento do nível das águas a montante da ponte. Este impacto será mais

significativo durante os caudais de fase alta.

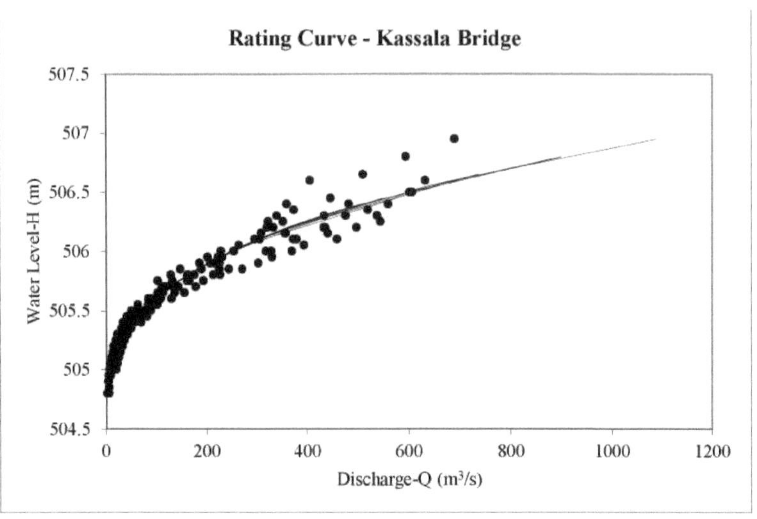

Figura 14: Curva de classificação para a estação da ponte de Kassala

Estação de Salamalekum

Para a estação de medição de Salamalekum, a curva de classificação foi desenvolvida a partir de dados de caudal de 6 anos (2007-2012), como se mostra na Figura 15. O gráfico tem R^2 = 0,89 e a equação representativa da curva de classificação é mostrada abaixo:

$$Q = 58.973\,(H - 493.5)^{1.873}$$

Onde: Q = Descarga em m^3 /s

H = Estádio da superfície da água em m

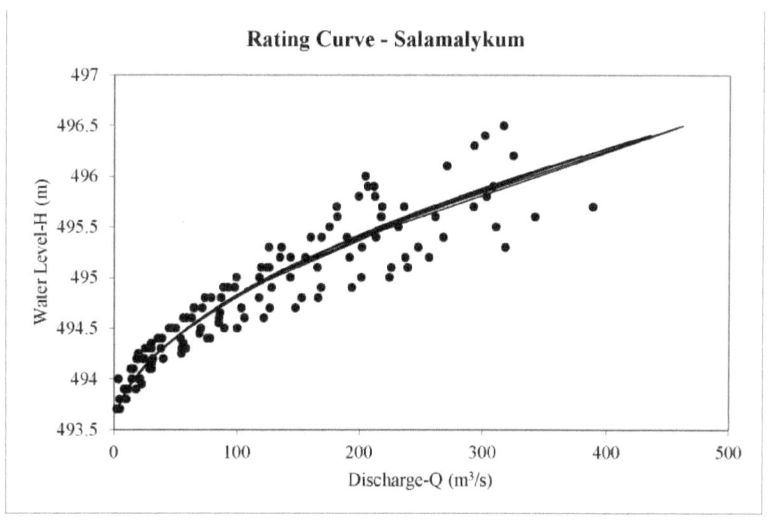

Figura 15: Curva de classificação para a estação de Salamalekum

4.2.1 Utilização do método da área de velocidade (VAM)

O VAM fornece valores mais exactos dos fluxos. Mas só é possível na estação da ponte de Kassala durante o dia (das 6:00 às 18:00 horas). No estudo, o VAM é utilizado principalmente para avaliar a exatidão do AVSM. Os resultados do cálculo da descarga pelo VAM são apresentados no Anexo III.

4.3 Correlação entre AVSM e VAM

Os resultados do cálculo das descargas do rio Gash durante a época das cheias de 2012, utilizando o AVSM e a área da secção transversal antes e depois da cheia, estão correlacionados com os resultados do VAM. Este método é utilizado para representar uma relação linear entre os dois métodos de cálculo das descargas, que se verificou da seguinte forma (ver figura 16):

Q1 = 1,54 Q2

Onde: Q1 = Descarga calculada pelo VAM

Q2 = Descarga calculada por AVSM

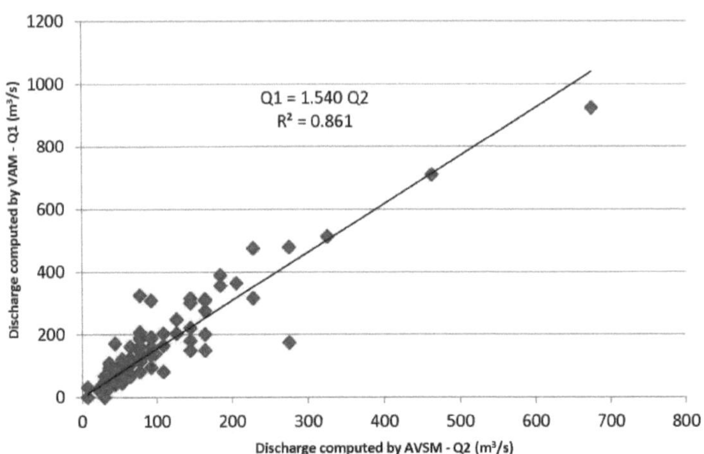

Figura 16: Correlação entre VAM e AVSM

4.4 Qualidade da descarga calculada

Para obter resultados mais precisos do cálculo da descarga no rio Gash, devem ser tidos em consideração dois factores no método existente (AVSM):

(a) Alterações do nível do leito durante a cheia

Foram tiradas secções transversais na estação da ponte de Kassala durante as cheias que mostram mudanças relativamente grandes na elevação e forma do leito do rio (ver Figura 17). Este facto pode dar uma indicação de que ocorreu uma grande erosão durante um pico de caudal, quando o rio Gash se move rapidamente, e que depois voltou a encher durante a recessão da cheia. Por conseguinte, podem ser obtidos valores mais precisos para o cálculo da descarga utilizando mais secções transversais durante a estação das cheias, em vez do método existente de tomar a secção transversal média antes e depois da cheia.

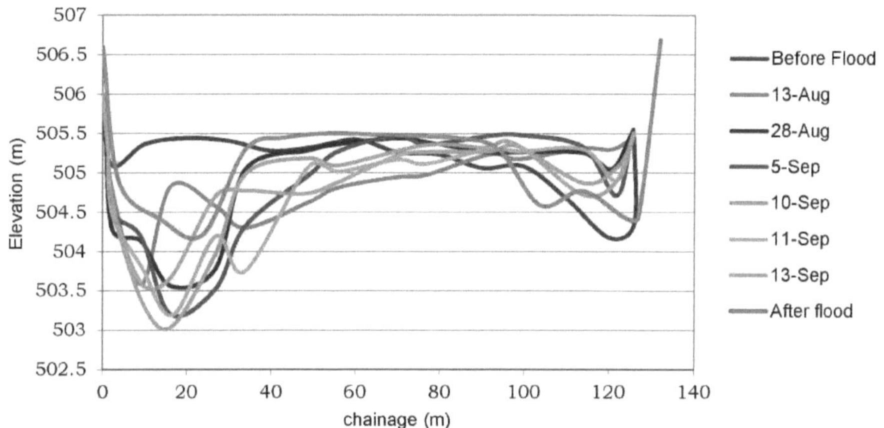

Figura 17: Alterações do nivelamento do leito na estação da ponte de Kassala durante a cheia de 2012

(b) Distribuição dos pontos de medição da velocidade ao longo da secção transversal do rio

A velocidade da corrente é mais elevada no centro da secção transversal do rio e diminui para zero nas margens. Portanto, a medição precisa da velocidade da superfície requer a colocação do flutuador em diferentes locais ao longo da secção transversal do rio.

4.5 Estimar a exatidão do método existente

A GRTU desenvolveu uma metodologia do método da velocidade média por fase (AVSM) para estimar as descargas no rio Gash. Neste método, o caudal é assumido como um regime de caudal hidráulico estável, o que significa que a alteração da velocidade durante a subida e descida do rio é negligenciada. O Erro Percentual Médio das estimativas de descarga foi de (40% - 35%) do método Velocity-Area (VAM), com a Raiz média dos resíduos quadrados dentro de 75 m^3 /s e o erro absoluto médio dentro de 50 m^3 /s. Este nível de precisão foi alcançado utilizando (1 - 2) pontos de medição de velocidade e a área média das secções transversais antes e depois da inundação. Mas utilizando 6 pontos de medição de velocidade ao longo da secção transversal do rio e secções transversais com intervalos semanais durante a cheia, o erro percentual médio diminuiu para 25%, com a raiz média dos resíduos quadrados dentro de 45 m^3 /s e o erro absoluto médio dentro de 30 m^3 /s.

No entanto, a utilização de 6 pontos de medição de velocidade e de secções transversais com intervalos semanais durante a inundação melhorou a precisão para 15% (ver Figura 18).

A Tabela 4.2 mostra o resultado dos critérios de avaliação que foram desenvolvidos a partir de cerca de 150 medições de descarga durante a época de cheias de 2012.

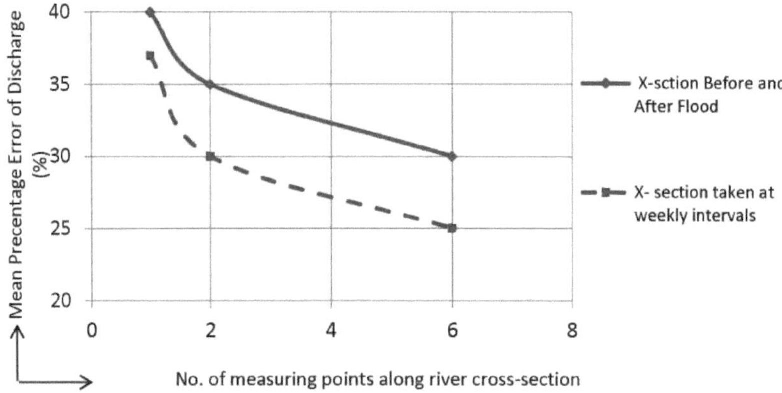

Figura 18: Relação entre o número de pontos de medição e o erro percentual médio da descarga %

Tabela 3: Estimativa da exatidão do AVSM com base nos valores de RMSE, MAE e MPE:

Method	No. of measuring point distributed along x-section	RMSE (m^3/s)	MAE (m^3/s)	MPE %
(1) AVSM/ Average x-section before and after flood	1	76	53	40
(2) AVSM/ Average x-section before and after flood	2	78	50	35
(3) AVSM/ x-sections taken at regular weekly intervals	2	55	36	30
(4) AVSM/ Average x-section before and after flood	6	67	46	32
(5) AVSM/ x-sections taken at regular weekly intervals	6	45	30	25

CAPÍTULO 5

5. Conclusões

A análise das informações e dos dados disponíveis revela os seguintes resultados:

- O coeficiente de calibração do método de flutuação no rio Gash é de 0,73. Este coeficiente é derivado da medição simultânea de corrente e de flutuadores na estação de medição da Ponte de Kassala durante a época de cheias de 2012.

- Os resultados do cálculo da descarga do rio Gash (de 2007 a 2012) revelam uma grande flutuação. A descarga anual máxima é de 780 milhões de metros cúbicos, registada em 2010 na estação de New Geera, enquanto a descarga anual mínima é de 316 milhões de metros cúbicos registada em 2011 na estação de Salamalekum. No entanto, a descarga instantânea máxima é de 1715 m^3 /s em 2007 na estação de New Geera.

- A curva de classificação para as estações de medição de New Geera, Kassala Bridge e Salamalekum foi desenvolvida com base em dados de medição de 6 anos (2007 a 2012). Foram desenvolvidas as seguintes equações:

  - Para New Geera:

$$Q = 0.2675\ (H - 532.95)^{7.384}$$

- Para a ponte de Kassala:

$$Q = 73.878\ (H - 504.5)^{3.002}$$

- Para Salamalekum:

$$Q = 58.973\ (H - 493.5)^{1.873}$$

Onde: Q = Descarga em (m^3 /s) H = Nível da superfície da água em (m)

O nível de precisão do método existente pode ser melhorado para 15%, no caso de se utilizarem 6 pontos de medição da velocidade ao longo da secção transversal do rio e secções transversais com intervalos semanais durante a cheia.

CAPÍTULO 6

6. Recomendações

Algumas recomendações são propostas para melhorar as medições de descarga no rio Gash:

- A nova estação de Geera está localizada logo após a curva do rio e a sua secção transversal é relativamente estável. No entanto, há um pouco de erosão na parte exterior do rio, pelo que é importante fazer alguns aterros na margem esquerda para evitar a erosão que pode ocorrer no futuro.

- Seria preferível utilizar um correntómetro com um cabo suspenso para eliminar os riscos para os operadores que trabalham a partir de barcos.

- A alteração da secção transversal do rio durante a cheia deve ser tida em consideração para obter resultados precisos da descarga.

- Seria mais preciso utilizar um maior número de pontos de medição da velocidade colocados em locais diferentes ao longo da secção transversal do rio na estação da ponte de Kassala.

- Deve ser efectuada uma análise mais aprofundada para melhorar e avaliar a qualidade do método da velocidade média por fase. Além disso, seria melhor concentrar-se noutra estação de medição, como a estação de medição de New Geera ou Salamalekum, para evitar os impactos prováveis dos pilares da ponte de Kassala.

CAPÍTULO 7

7. Referências

Bashir, K. (2007). "Desafios das inundações repentinas do rio Gash para a cidade de Kassala: mitigação e gestão de riscos". Professor Associado, Cátedra UNESCO em Recursos Hídricos, bashar@ ucwr-sd. org.

Meki, H. A. (2008). Perfil de Irrigação do Sudão (O Caso de Gash). Reunião de Consulta de Peritos Internacionais da FAO sobre Irrigação de Espécies. Cairo, Egipto.

Reginald, W. H. (1985). Streamflow Measurement, Elsevier Applied Science Publishers, Londres e Nova Iorque.

Saied, S. M. (2010). Comparação dos parâmetros de caudal do rio Gash estimados pelos métodos do flutuador e do medidor de corrente. Wad Medani, Sudão, Universidade de Gezira. **Dissertação de Mestrado**.

SPN (2011). "Brochura da Rede Internacional de Irrigação por Espaldeira". http://www.spateirrigation.org/wordpress/wpcontent/uploads/2011/08/SpN brochura 20 11.pdf

Swan, C. (1956). The Recorded Behaviour of the River Gash in the Sudan, Ministério da Irrigação e Energia Hidroelétrica.

Toam H. A, Saied. M. S. a. Eisa. A. S. (2005). Relatório Anual do Rio Gash. Kassala, Sudão, Ministério da Irrigação e Recursos Hídricos, Unidade de Formação do Rio Gash.

Anexos:

Anexo I: Exemplo de cálculo de descarga utilizando uma medição com um medidor de corrente

República do Sudão

Ministério da Irrigação e dos Recursos Hídricos

Unidade de Formação de Gash River

Dados de campo e cálculo da medição de caudal

(Dados do contador atual)

Flood season	2012	Water level	505.4	Instrument type	ArmField	Computed by	Yasir Moh. Omer
Station	Kassala bridge	Start time	8:30 AM	Serial no		Checked by	Saeed Majzoub
Date	6-8-2012	End time	11:00 AM	Propeller type	Plastic	Remarks	

Cross-section of Gash River					Current meter data								Area (m^2)	Discharge (m^3/s)	Remarks
Distance from initial point (m)	Width (m)	Total Depth (cm)	Station (m)	Reduced Level (cm)	Time (Sec)	N			Velocity at point			Mean Velocity (m/s)			
						0.2d (Rev)	0.6d (Rev)	0.8d (Rev)	0.2d (m/s)	0.6d (m/s)	0.8d (m/s)				
0	0	0	3.7	505.4								0			R.B
1.3	1.3	55	5	504.85	20		174			1.2615		1.2615	0.3575	0.45098625	
11.3	10	80	15	504.6	20		259			1.8777		1.87775	6.75	12.6748125	
23.3	12	80	27	504.6	20		176			1.276		1.276	9.6	12.2496	
31.3	8	83	35	504.57	20		305			2.2112		2.21125	6.52	14.41735	
37.3	6	118	41	504.22	20	340		228	2.465		1.653	2.059	6.03	12.41577	
51.3	14	80	55	504.6	20		262			1.8995		1.8995	13.86	26.32707	
59.3	8	165	63	503.75	20	273		168	1.9792		1.218	1.598625	9.8	15.666525	
71.3	12	147	75	503.93	20	199		186	1.4427		1.3485	1.395625	18.72	26.1261	
81.3	10	166	85	503.74	20	273		98	1.9792		0.7105	1.344875	15.65	21.0472937	
91.3	10	131	95	504.09	20	198		150	1.4355		1.0875	1.2615	14.85	18.733275	
101.3	10	140	105	504	20	144		140	1.044		1.015	1.0295	13.55	13.949725	
111.3	10	167	115	503.73	20	165		62	1.1962		0.4495	0.822875	15.35	12.6311312	
121.3	10	39	125	505.01	20		125			0.9062		0.90625	10.3	9.334375	
128.3	7	0	132	505.4								0			L.B
Total													**141.337**	**196.024**	

Anexo II:

Amostra de dados de descarga na estação de New Geera utilizando o AVSM

República do Sudão
Ministério da Irrigação e dos Recursos Hídricos
Unidade de Formação do Rio Gash

Dados de campo e cálculo da medição de caudal

(Descarga do rio Gash)

Flood season	2012	River cross-sections	Before and After flood
Station	New Geera	No. of Vel. measuring points	2
Method used	Float method (AVSM)	Time Step	Hourly

Date	Time	Gage	Mean Velocity (m/s)	Average Area (m^2)	Discharge (m^3/s)	Discharge (m^3/h)	Accumulate discharge (Mm^3)
21/6/2012	6:00 AM	535.3	1.062409566	89.9217	95.5336743	343921.2273	4.193
	7:00 AM	535.3	1.062409566	89.9217	95.5336743	343921.2273	
	8:00 AM	535.3	1.062409566	89.9217	95.5336743	343921.2273	
	9:00 AM	535.2	0.913625793	66.00595	60.3047384	217097.0582	
	10:00 AM	535.2	0.913625793	66.00595	60.3047384	217097.0582	
	11:00 AM	535.2	0.913625793	66.00595	60.3047384	217097.0582	
	12:00 PM	535.2	0.913625793	66.00595	60.3047384	217097.0582	
	1:00 PM	535.2	0.913625793	66.00595	60.3047384	217097.0582	
	2:00 PM	535.1	0.78941138	45.64833	36.0353072	129727.1061	
	3:00 PM	535.1	0.78941138	45.64833	36.0353072	129727.1061	
	4;00 PM	535.1	0.78941138	45.64833	36.0353072	129727.1061	
	5:00 PM	535.1	0.78941138	45.64833	36.0353072	129727.1061	
	6:00 PM	535.1	0.78941138	45.64833	36.0353072	129727.1061	
	7:00 PM	535.1	0.78941138	45.64833	36.0353072	129727.1061	
	8:00 PM	535.1	0.78941138	45.64833	36.0353072	129727.1061	
	9:00 PM	535.1	0.78941138	45.64833	36.0353072	129727.1061	
	10:00 PM	535.1	0.78941138	45.64833	36.0353072	129727.1061	
	11:00 PM	535.1	0.78941138	45.64833	36.0353072	129727.1061	
	12:00 AM	535.1	0.78941138	45.64833	36.0353072	129727.1061	
	1:00 AM	535.1	0.78941138	45.64833	36.0353072	129727.1061	
	2:00 AM	535.1	0.78941138	45.64833	36.0353072	129727.1061	
	3:00 AM	535.1	0.78941138	45.64833	36.0353072	129727.1061	
	4:00 AM	535.1	0.78941138	45.64833	36.0353072	129727.1061	
	5:00 AM	535.1	0.78941138	45.64833	36.0353072	129727.1061	
22/6/2012	6:00 AM	535.2	0.913625793	66.00595	60.3047384	217097.0582	3.638
	7:00 AM	535.2	0.913625793	66.00595	60.3047384	217097.0582	
	8:00 AM	535.2	0.913625793	66.00595	60.3047384	217097.0582	
	9:00 AM	535.2	0.913625793	66.00595	60.3047384	217097.0582	
	10:00 AM	535.2	0.913625793	66.00595	60.3047384	217097.0582	
	11:00 AM	535.2	0.913625793	66.00595	60.3047384	217097.0582	
	12:00 PM	535.1	0.78941138	45.64833	36.0353072	129727.1061	
	1:00 PM	535.1	0.78941138	45.64833	36.0353072	129727.1061	
	2:00 PM	535.1	0.78941138	45.64833	36.0353072	129727.1061	
	3:00 PM	535.1	0.78941138	45.64833	36.0353072	129727.1061	
	4;00 PM	535.1	0.78941138	45.64833	36.0353072	129727.1061	
	5:00 PM	535.1	0.78941138	45.64833	36.0353072	129727.1061	
	6:00 PM	535.1	0.78941138	45.64833	36.0353072	129727.1061	
	7:00 PM	535.1	0.78941138	45.64833	36.0353072	129727.1061	
	8:00 PM	535.1	0.78941138	45.64833	36.0353072	129727.1061	

	9:00 PM	535.1	0.78941138	45.64833	36.0353072	129727.1061	
	10:00 PM	535.1	0.78941138	45.64833	36.0353072	129727.1061	
	11:00 PM	535.1	0.78941138	45.64833	36.0353072	129727.1061	
	12:00 AM	535.1	0.78941138	45.64833	36.0353072	129727.1061	
	1:00 AM	535.1	0.78941138	45.64833	36.0353072	129727.1061	
	2:00 AM	535.1	0.78941138	45.64833	36.0353072	129727.1061	
	3:00 AM	535.1	0.78941138	45.64833	36.0353072	129727.1061	
	4:00 AM	535.1	0.78941138	45.64833	36.0353072	129727.1061	
	5:00 AM	535.1	0.78941138	45.64833	36.0353072	129727.1061	
2/10/2012	6:00 AM	534	1.04463065	0	0	0	
	7:00 AM	534	1.04463065	0	0	0	
	8:00 AM	534	1.04463065	0	0	0	
	9:00 AM	534	1.04463065	0	0	0	
	10:00 AM	534	1.04463065	0	0	0	
	11:00 AM	534	1.04463065	0	0	0	
	12:00 PM	534	1.04463065	0	0	0	
	1:00 PM	534	1.04463065	0	0	0	
	2:00 PM	534	1.04463065	0	0	0	
	3:00 PM	534	1.04463065	0	0	0	
	4:00 PM	534	1.04463065	0	0	0	
	5:00 PM	534	1.04463065	0	0	0	
	6:00 PM	534	1.04463065	0	0	0	
	7:00 PM	534	1.04463065	0	0	0	
	8:00 PM	534	1.04463065	0	0	0	
	9:00 PM	534	1.04463065	0	0	0	
	10:00 PM	534	1.04463065	0	0	0	
	11:00 PM	534	1.04463065	0	0	0	
	12:00 AM	534	1.04463065	0	0	0	
	1:00 AM	534	1.04463065	0	0	0	
	2:00 AM	534	1.04463065	0	0	0	
	3:00 AM	534	1.04463065	0	0	0	
	4:00 AM	534	1.04463065	0	0	0	
	5:00 AM	534	1.04463065	0	0	0	
Annual discharge measured at New Geera Station						**5,914,788**	**591.479**

Anexo III:

Amostra de dados de descarga na estação da ponte de Kassala utilizando o VAM

República do Sudão
Ministério da Irrigação e dos Recursos Hídricos
Unidade de Formação do Rio Gash

Dados de campo e cálculo da medição de caudal

(Descarga do rio Gash)

Flood season 2012 | River cross-sections: At weekly intervals
Station: Kassala Bridge | No. of Segments: 6
Method used: Float method (VAM) | Time Step: 3-Hours (day hours)

Date	Time	Gage	Segment 1			Segment 2			Segment 3			Segment 4			Segment 5			Segment 6			Total m^3/s
			V_{avg} m/s	A	Q_1 = VxA	V_{avg} m/s	A m^2	Q_2 = VxA	V_{avg} m/s	A m^2	Q_3 = VxA	V_{avg} m/s	A m^2	Q_4= VxA	V_{avg} m/s	A m^2	Q_5= VxA	V_{avg} m/s	A m^2	Q_6 = VxA	
5/8/2012	6:00 AM																				
	9:00 AM																				
	12:00 PM	505.6	1.81	20.17	36.50	1.83	17.68	32.37	2.14	23.30	49.87	1.74	14.67	25.48	1.68	10.30	17.32	1.44	8.59	12.39	173.94
	3:00 PM	505.6	1.59	20.17	32.13	1.58	17.68	28.01	1.51	23.30	35.07	1.69	14.67	24.86	1.60	10.30	16.45	1.56	8.59	13.38	149.89
	6:00 PM	505.5	1.44	18.67	26.94	1.56	15.92	24.80	1.47	21.09	31.03	1.41	12.57	17.70	1.43	8.10	11.62	1.40	5.89	8.22	120.31
6/8/2012	6:00 AM	505.4	1.37	17.17	23.52	1.32	14.16	18.62	1.30	18.89	24.63	1.34	10.46	13.98	1.60	5.90	9.42	1.29	3.19	4.11	94.29
	9:00 AM	505.4	1.26	17.17	21.62	1.09	14.16	15.48	1.00	18.89	18.90	1.01	10.46	10.52	1.02	5.90	5.99	0.86	3.19	2.76	75.27
	12:00 PM	505.5	1.48	18.67	27.58	1.34	15.92	21.33	1.43	21.09	30.19	1.34	12.57	16.81	1.31	8.10	10.64	1.29	5.89	7.61	114.17
	3:00 PM	505.7	1.98	21.67	42.99	1.86	19.44	36.21	1.87	25.49	47.68	1.87	16.76	31.32	1.78	12.50	22.28	1.76	11.29	19.89	200.37
	6:00 PM	505.4	1.89	17.17	32.43	1.86	14.16	26.29	1.87	18.89	35.32	1.82	10.46	19.06	1.77	5.90	10.46	1.78	3.19	5.69	129.24
7/8/2012	6:00 AM	505.65	2.28	20.92	47.76	2.00	18.56	37.04	1.98	24.39	48.42	1.89	15.71	29.74	1.89	11.40	21.52	1.87	9.94	18.61	203.10
	9:00 AM	505.5	1.96	18.67	36.62	1.96	15.92	31.15	2.00	21.09	42.14	1.87	12.57	23.45	1.88	8.10	15.21	1.87	5.89	11.02	159.60
	12:00 PM	505.5	2.39	18.67	44.56	2.46	15.92	39.10	2.55	21.09	53.86	2.55	12.57	32.06	2.74	8.10	22.20	2.70	5.89	15.91	207.70
	3:00 PM	505.8	3.21	23.26	74.66	3.14	21.20	66.50	3.15	27.70	87.33	3.20	18.87	60.45	3.52	14.70	51.69	3.56	13.99	49.77	390.41
	6:00 PM	505.55	3.48	19.42	67.60	3.47	16.80	58.28	3.45	22.20	76.68	3.49	13.62	47.55	3.49	9.20	32.12	3.54	7.24	25.64	307.87

Printed by Books on Demand GmbH, Norderstedt / Germany